纺织服装高等教育"十二五"部委级规划教材

时装画技法

东华大学服装学院时装画优秀作品精选 FASHION

ILLUSTRATION BY DONGHUA UNIVERSITY STUDENTS

主编 陈彬

U0377469

东华大学出版社

图书在版编目（ＣＩＰ）数据

时装画技法：东华大学服装学院时装画优秀作品精
选／陈彬主编.—上海：东华大学出版社，2014.9
　ISBN 978-7-5669-0600-7

　Ⅰ.①时… Ⅱ.①陈… Ⅲ.①时装－绘画技法－高等学
校－教材②时装－绘画－作品集－中国－现代 Ⅳ.
①TS941.28

中国版本图书馆CIP数据核字（2014）第198181号

投稿邮箱：xiewei522@126.com

责任编辑：谢　未
装帧设计：王　丽

时装画技法：东华大学服装学院时装画优秀作品精选
Shizhuanghua Jifa：Donghua Daxue Fuzhuang Xueyuan Shizhuanghua Youxiu Zuopin Jingxuan

主　　编：陈　彬
出　　版：东华大学出版社
（上海市延安西路1882号　　邮政编码：200051）
出版社网址：http://www.dhupress.net
天猫旗舰店：http://dhdx.tmall.com
营销中心：021-62193056　　62373056　　62379558
印　　刷：深圳市彩之欣印刷有限公司
开　　本：889mm×1194mm　　1/16
印　　张：7.25
字　　数：255千字
版　　次：2014年9月第1版
印　　次：2014年9月第1次印刷
印　　数：0001～4000
书　　号：ISBN 978-7-5669-0600-7/TS·532
定　　价：45.00元

序

时装画，是服装设计师不可或缺的基本技能。

时装画课程是东华大学成立服装艺术设计专业以来一门重要的专业课，也是本专业的教学特色。作为我国最早致力于培养服装设计专门人才的高校之一，时装画课程在我校的发展，映射着时装画教育在我国的发展史。

在20世纪80年代服装设计学科成立初期，时装画作为一门全新的课程，沿袭了艺术类"工艺美术专业"教学模式，教师们都有着非常扎实的美术功底，培养了一大批具有画家素质的服装设计学生，作品十分强调艺术化的表达。随着学科的发展与健全，国际交流的日益频繁，我们更进一步认识了时装画的本质，对服装设计专业学生实施了针对性更强、更为全面的专业教育，时装画技法训练也越来越追求对服装本质的理解。时装画课程汲取了各种时尚潮流与风格，不断发展与创新，逐步形成了自身的特色。应该说，经过20多年的发展，我院的时装画教学与国际同类院校对时装画的认识接轨，强调设计创意表现多于"美术技巧"，水平有了长足的提高，这些都可以从学生的时装画作品、获得的设计成果以及社会反馈中得到体现，国际上已有多所院校聘请我院教师教授时装画课程。"创新达意、表现时尚、讲求功效"，已成为风格独树一帜的东华大学"出品"的时装画标签。

在此，我真诚地感谢每一位曾经担任过本学院时装画课程的老师，他们中有的年事已高隐退二线，有的已成为国内炙手可热的服装设计师，而感谢最多的，正是今天活跃在教学第一线的老师们。如果没有老、中、青教师们一代代坚持不懈的努力，对学生负责忘我的谆谆教导，我们的学科也不可能取得今天的成就。

能画一手漂亮的时装画，是每一位服装设计师的梦想。希望这本书的问世，能给广大热爱服装设计和正在学习服装设计的朋友们提供一个交流技艺的平台，也真诚希望我国的时装画能够日益在国际上崭露头角，显示出鲜明的特色。

东华大学服装学院副院长

博士生导师　教授

前　言

　　时装画是时装设计师将捕捉的灵感以绘画形式表现出来的一种着装人体效果图，它的主要功能是表达设计师的创作构思，展现服装的形态结构、款式细节和风格倾向。在表现内容上，时装画不同于其它绘画种类，它除了要求作者具备一定的人体结构、比例、姿势等知识及掌握时装画的各项绘画技能外，还应知晓服装的各项专门知识，如服装结构、衣料纹样、饰物配件等，了解服装发展的流行潮流和趋势，在画面上以最合理、最贴切的绘画形式表现服装款式。在表现手法上，时装画与其它绘画种类存在相似之处，即时装画借鉴了其它画种的养分并结合时装画的特点创造出新形象。在本书作品中可以找寻出不同绘画形式的表现方法，如水彩画、水粉画、粉画、素描、国画（写意、白描）、动漫等，作者也尝试以不同的绘画风格创作，无论是写实具象，还是夸张抽象，虽然许多作品在表现技法上显得有些稚嫩，但从中可看出作者对时装绘画探索的勇气和精神，令人不得不佩服。

　　这是东华大学服装学院自1984年招收服装专业本科生以来首次将服装设计专业学生的时装画优秀作品结集出版。本书选取了近年来服装艺术设计系服装艺术设计专业学生的优秀作品，主要是毕业设计画稿，也有一些课程作业，许多指导老师为此付出了辛勤的汗水，在此表示感谢。同时，感谢东华大学服装学院副院长、博士生导师刘晓刚教授为本书作序。

　　希望通过此书的出版，一方面可以检验我们学生的时装绘画能力，另一方面可以与社会各界及同行进行交流，恳请大家对此书提出意见和建议。

东华大学服装学院服装艺术设计系教授

陈　彬

作者：郑卜溢 作品表达的是流行的中性风潮，设计构思前卫大胆。作者以勾线和水彩结合勾画，两款服装用笔简洁熟练，尤其是右边一款更显功底。细节上，脸部、衬衫、包、鞋等表现比较到位。

作者：翟冰　这是一幅写实时装画，作者尝试了彩色铅笔、水彩和水粉不同的绘画形式，在衣纹、发式、配件等处理上，较好地表现出藏女的朴实和自然。

作者:应珺 作品构图新颖,装饰性强,具有一定的视觉冲击力。整幅以色块平涂衬底,运用不同图形来表现不同的款式。作品匠心独具地将底留白作为人物的肤色,效果尚佳。

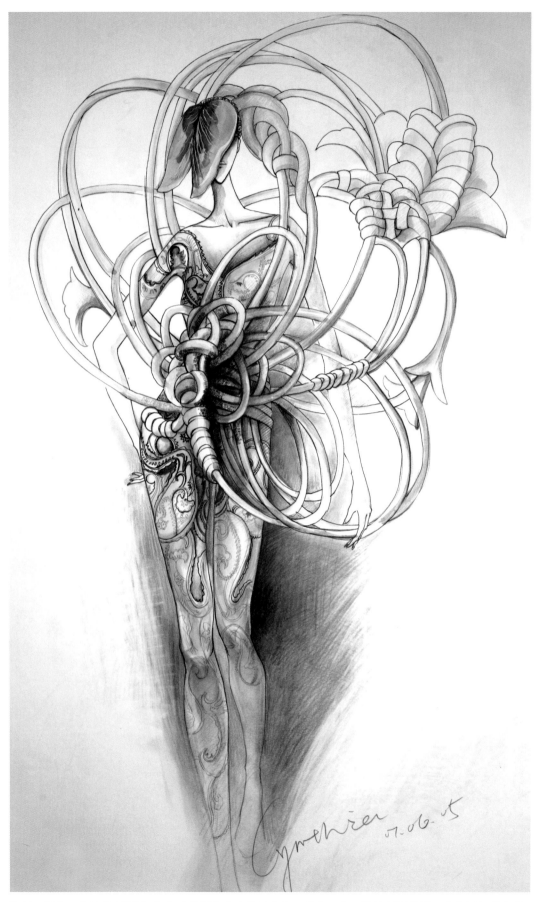

作者：吴苑 作品获 2007 年东华时尚周毕业生作品比赛一等奖，作品设计新颖独特。整幅以钢笔勾线，款式刻画重点在胸周围，色彩浓重，四周用色趋浅，由此突出设计的中心，灰肤色起到很好的衬托作用。

作者：彭灏善 作者以水彩画形式表现粗犷的水洗牛仔布料，画面虚实结合，细节刻画入微。人物采用了平涂形式，有力地烘托了服装款式的立体效果。

作者：刘燕　这是一幅大写意结合剪纸艺术的时装画。作者以寥寥几笔勾画服装款式和人物结构，背景处理浓淡相宜，衬托出表现的重点，体现出作者扎实的绘画功底。

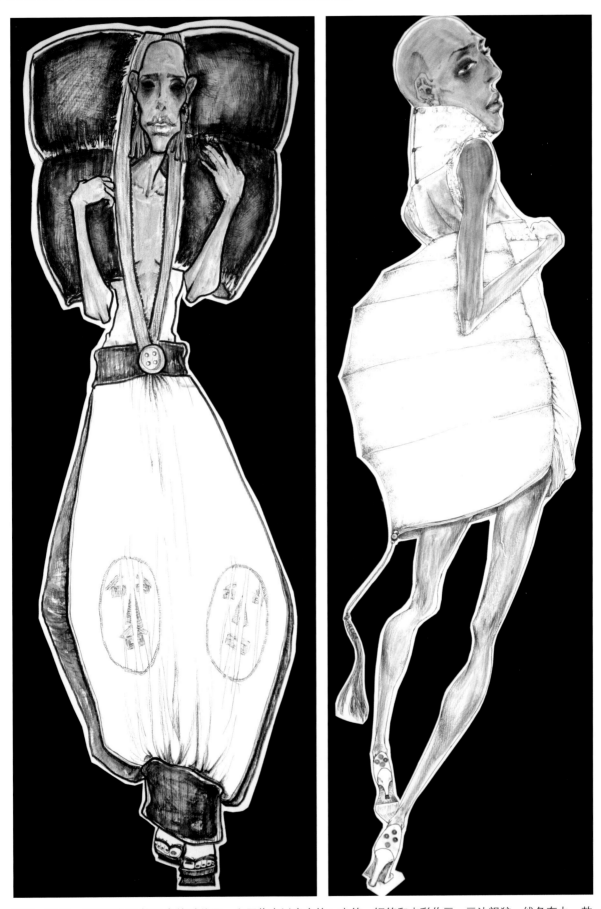

作者：陈瑶　这是两幅比较另类的时装画。左图作者以麦克笔、水笔、钢笔和水彩作画，画法粗犷，线条有力。款式表现简洁，人物表情刻画具新意。右图时装画看似平淡，作者对款式只是简单描画，但人物的刻画非常细腻，尤其是脸部结构，如眼、耳、嘴等充满画意。

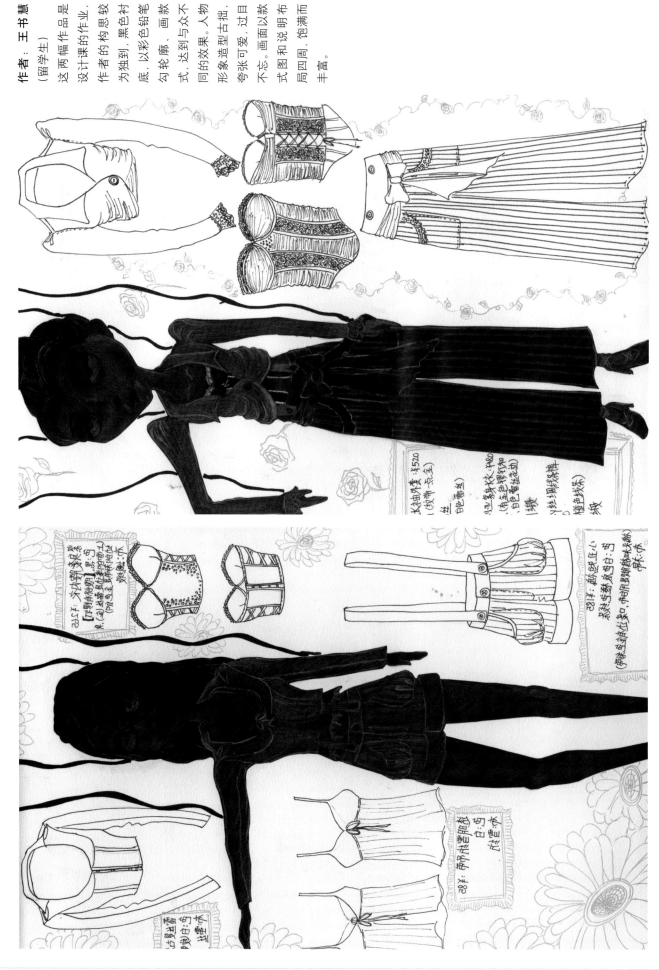

作者：王书慧
（留学生）

这两幅作品是设计课的作业。作者的构思较为独到，黑色色彩衬底，以彩色铅笔勾轮廓。画款式，达到与众不同的效果。人物形象造型古拙，夸张可爱，过目不忘。画面和说明式以款式图四周，饱满而丰富。

012

作者：祝文杰　　这是一幅写实技法的时装画，作者采用干画的水粉画法，运用深浅不一的色块将人物动态、形体结构、款式衣纹、面料质地进行了细致的刻画，体现出扎实的基本功。

作者：黄珊　这是一幅时装画佳作。整幅作品用麦克笔一挥而就，线条遒劲有力，敷色洒脱利落，面部表情、手姿、鞋等的刻画颇见功力。

作者：韩璟　作品以军旅风貌为灵感构思设计，采用钢笔勾线和水彩结合的画法，酣畅淋漓完成这幅效果图。笔法随意流畅，线条之间以橄榄绿填充，背景用宽笔寥寥数笔衬托出人物的整体形象。

作者：应珺 这幅时装画具有强烈的装饰意味，作者以线条和平涂为主，适当衬以明暗。人物姿势优美，人物之间互相穿插，使画面饱满并富有变化。

作者：朱蕙琳　这幅作品具有广告招贴的意味，形式感强，深底白字、白底黑字和各类图形突出人物造型，人物以淡彩为主，与背景形成对比。

作者：谢丽芳　飞速发展的电脑处理技术赋予当今时装画新的视野和意境，即将传统绘画技艺与电脑技术的结合是未来方向，这两款作品给我们提供了有益的启示。

作者：沈婕 作者擅长电脑绘画和图案装饰，整幅画面立意新颖，以人物和花卉进行组合，表现出超现实的梦境效果。

LXWILLOW

《冰点》

作者：柳鑫　这是一幅写实风格的时装画，以黑色勾线，结合平涂色块，完整表现出服装的具体款式造型和细部结构。

作者：米洋　这是一张带有生活情趣的时装画作品。速写性质的笔触轻松随意，不拘泥细节结构，用色简单，一气呵成。

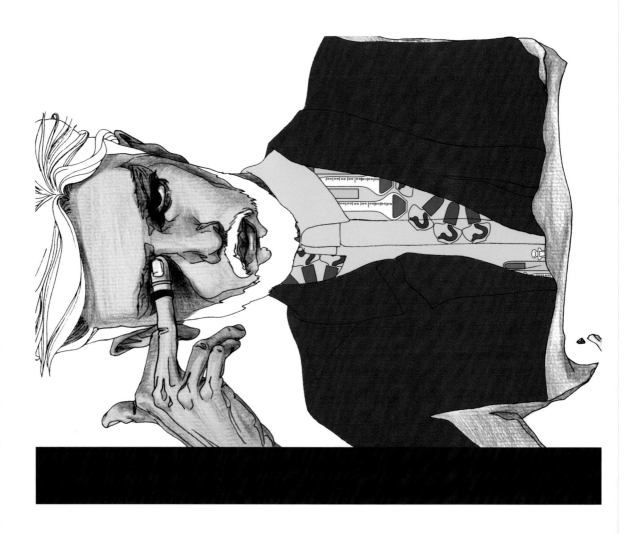

作者：李楠 这组作品属写实风格，电脑运用与彩铅相结合，线条勾勒准确到位，尤其是人物表情丰富。颜色配置独具匠心，格调高雅。

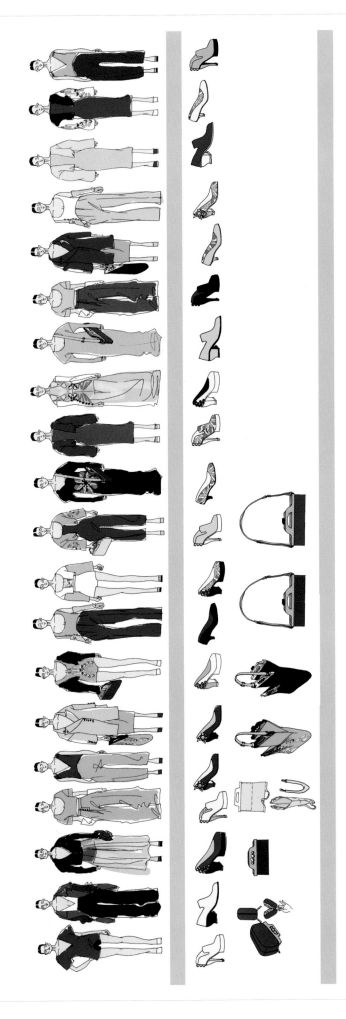

作者：李楠　这是一组系列服装设计稿。作者以简练的线条勾画人物自然造型，此类画稿重款式结构和色彩图案的表达，非常适合在服装企业中的实际操作。

作者：郭朝旭　作品以黑白灰为主，在表现中以线面、厚薄结合来表现人物姿势、服装款式、饰物造型，作者笔法老辣，对不同质感的毛、皮、布、金属都表现得淋漓尽致。

作者：郭朝旭　这是一幅时装画佳作。作者以淡褐色底纹纸作背景，与金黄缎子、闪光黑绸缎、头戴橄榄绿巨形蝴蝶结、肤色构成统一色调。脸部刻画带动漫的痕迹，烟熏眼、黑嘴唇别具特色。作者对不同布料质感表现采用不同的手法，面料图案虚实有致。

作者：**高璐**　作品以毛笔勾线，以水彩敷色，水分掌控熟练，肤色、面料质感、手套皮革效果都表现得淋漓尽致。

作者：张轶楠　作品属效果图性质，以碳笔勾线，水彩上色。服饰以黑色为主色调，作者以熟练的技法表现不同的质地，如毛茸茸领子、光滑的丝质长裙、纱质短裙等。

作者：韩璟 这张时装画画法粗犷，有气势。作者用钢笔勾勒外形轮廓和款式细节，然后以宽笔扫出面料色彩，笔法奔放不羁。

Abito di moussline di seta é con arabeschi di maschi lamés ricamati con stras é-perle: Gaul é Paris, Cappello a gibet

作者：陶玲玲　这组系列风格大胆前卫，款式设计具创新意识。在具体画法上也与设计相吻合，作者以铅笔作为表达的主要工具，辅以彩铅、水粉和碳笔，构成一幅形式多样的时装画。

作者：牧沙　这幅作品属于场景式表达。作者以时装 T 台为背景，用线条勾勒造型，并用彩铅上色。而背景则以电脑软件处理，齐整的渐变色块作衬托。

作者：夏芸 这张时装画的最大特点在于很好地表现了不同质料，类似Chanel女装的呢料、裘皮料、层次丰富的薄纱料在画面上一一展现。

作者：臧洁雯　作品属皮革系列设计。采用速写形式勾画款式造型，而对于皮草的表现则结合了电脑处理效果，笔触随意但恰到好处。

《The Era of Personality》

作者：牧沙　这是一幅参赛作品，属写实风格。画面中线条自然生动，不同材质和图案处理富有变化。电脑处理技术的使用使画面更富韵味。

作者：**谢丽芳** 作品采用写实手法，塑造出成衣设计效果。人物造型自然，表情生动，质料、衣纹、图案、配件，以及肤色刻画细致入微。

作者：张樱 这张时装画设计灵感来源于斗牛士，面料画法上粗犷，以大笔触挥就。服装上的图案较写实，尤其是靠前这款服装，细腻地展现了精美的花纹。

作者：徐笑寒 作者运用电脑绘画软件，恰到好处地表现了面料质地。作品中人物姿势自然，面部表情刻画得很可爱。服饰配色丰富，相互间较为协调。

作者：林婷婷 作者将我国西南少数民族服饰提炼作为素材，造型古朴。画法上采用水彩结合彩色铅笔衬明暗，帽饰、挂件、镶边等，刻画细腻，背景上树枝更使画面产生别样情趣。

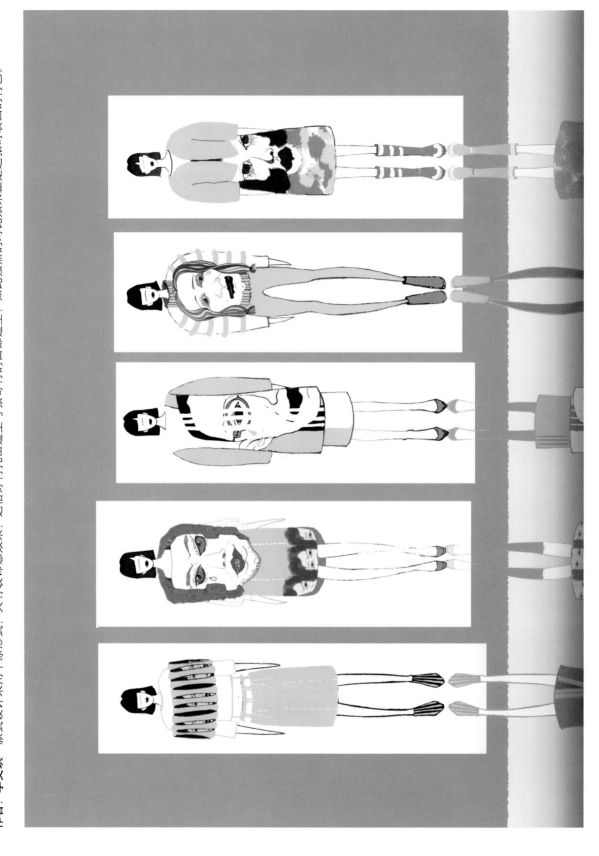

作者：李文琪　款式设计采用平涂形式，具有装饰感效果，这恰好衬托出造型夸张奇特的面部造型，如此强烈的对比效果正是这张时装画的特色。

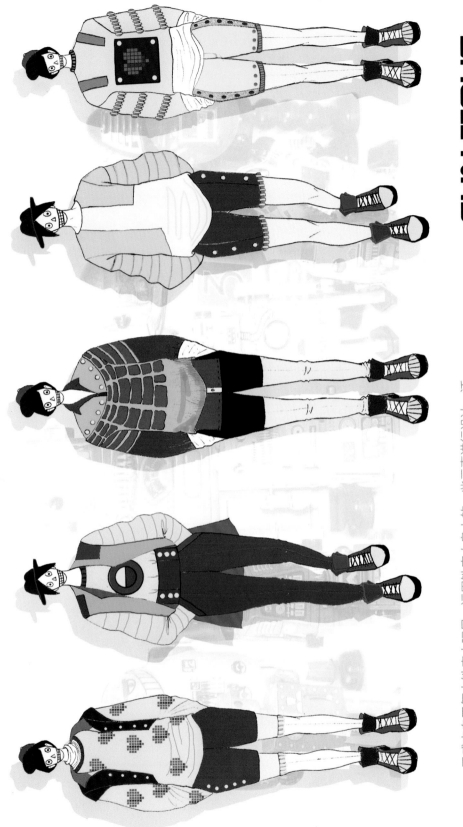

FUN TOYS

灵感来自于复古铁皮人玩具，运用铁皮人身上的一些元素进行设计。活泼鲜亮的色彩，搭配钩花，镂空和拼接等效果，给人带来强烈的视觉的冲击。

所以画法采用平涂形式，具有装饰性，背景结合电脑处理效果以突显主题。

作者：李文琪 此系列设计灵感来自玩具，风格活泼，带有一点趣味性，

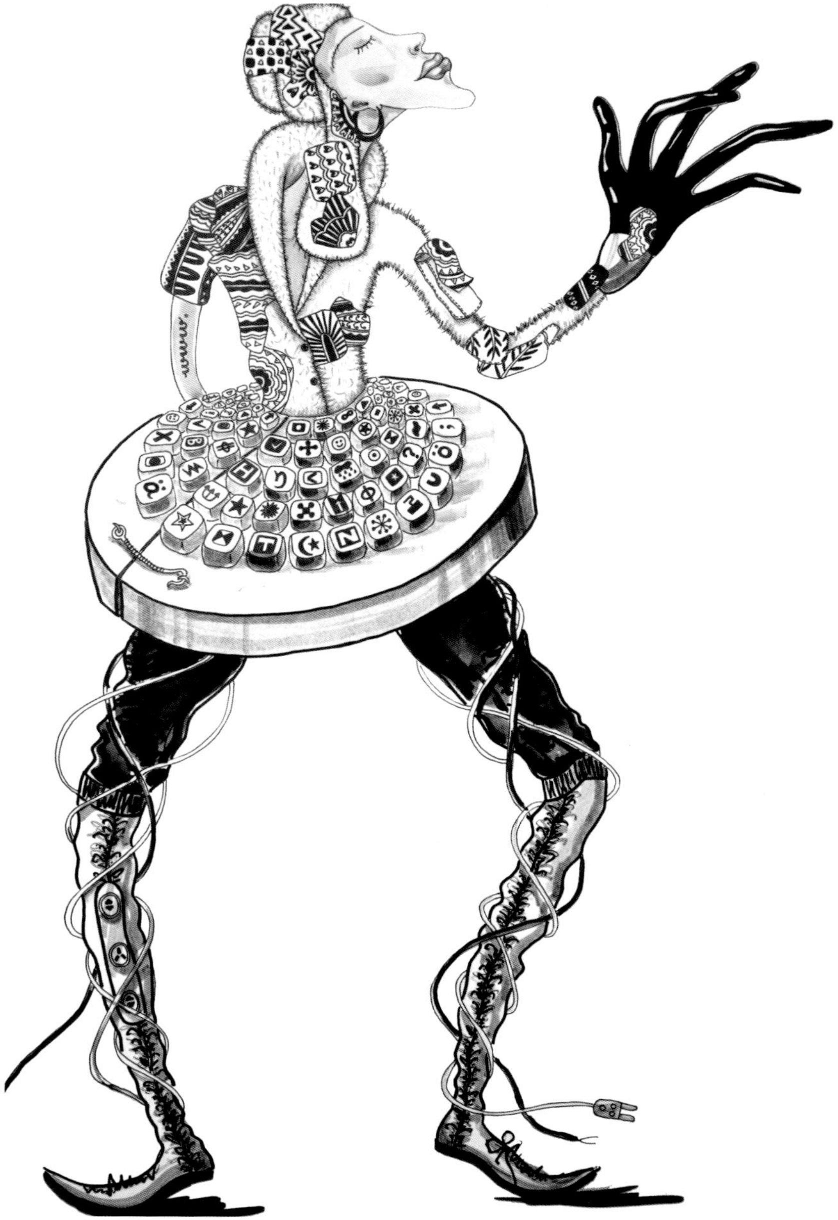

作者：谭音 左图

这款设计灵感来源于计算机。表达年轻人对网络的看法。作者运用钢笔勾线，肤色和裤子以水彩完成，基本是黑白两色。服饰的纹样和细节交得很细，画面效果佳。右图作品造型夸张，脸部变形别具一格，绿色嘴唇匠心独运，与整款色彩吻合，肤色虽浓但不艳。

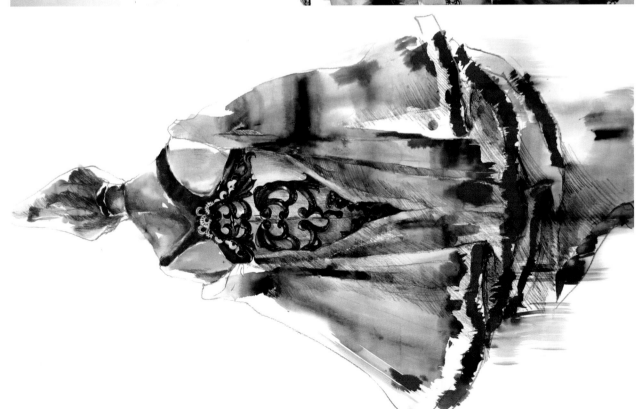

作者：陈瑶 左图

作品的视角很独特，以背面设计来表现。作者采用碳笔勾线，以酣畅淋漓的水彩表现服装和肤色，背部图案刻画得很精细。右图是一幅带有纯绘画感的水彩画，作者以熟练的水彩画技法，以变形的姿势和体态塑造出一个近乎颓废病态的时装形象，背景用碳笔勾画出抽象的场景，恍若隔世。

作者：杨婷婷　作者具有较强的速写功底，整幅作品以钢笔线条为主，笔法流畅自然。同时上色也具有速写的意韵，快速简练。这种画法非常适用于服装企业。

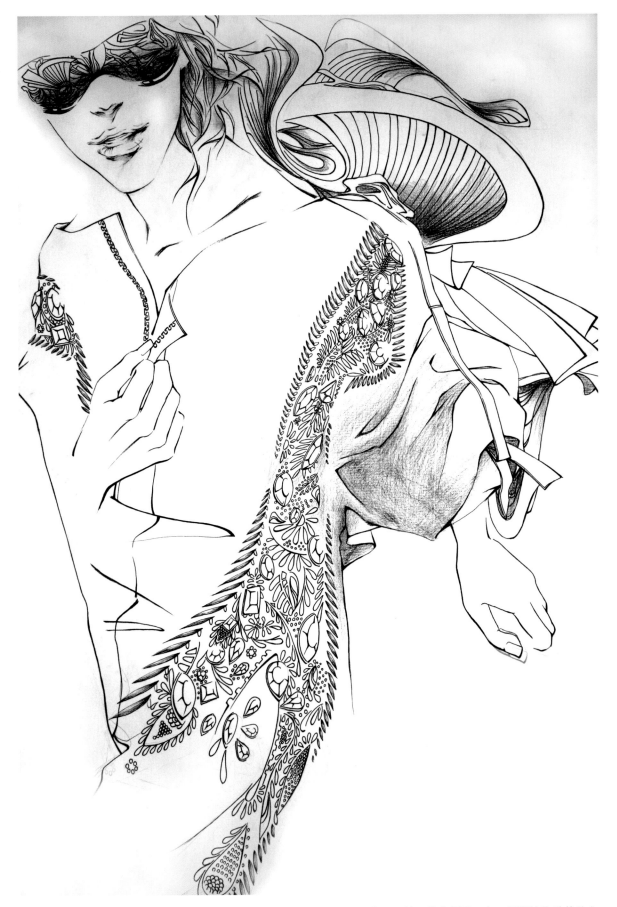

作者：段晓鋆 作品基本以勾黑线为主，另加了彩色铅笔画法。画面构图巧妙，将人置于一角，但服饰和动势偏向右边，以达到平衡。作品属写实风格，脸部、服装纹样描画很具体，手的造型结构准确到位。

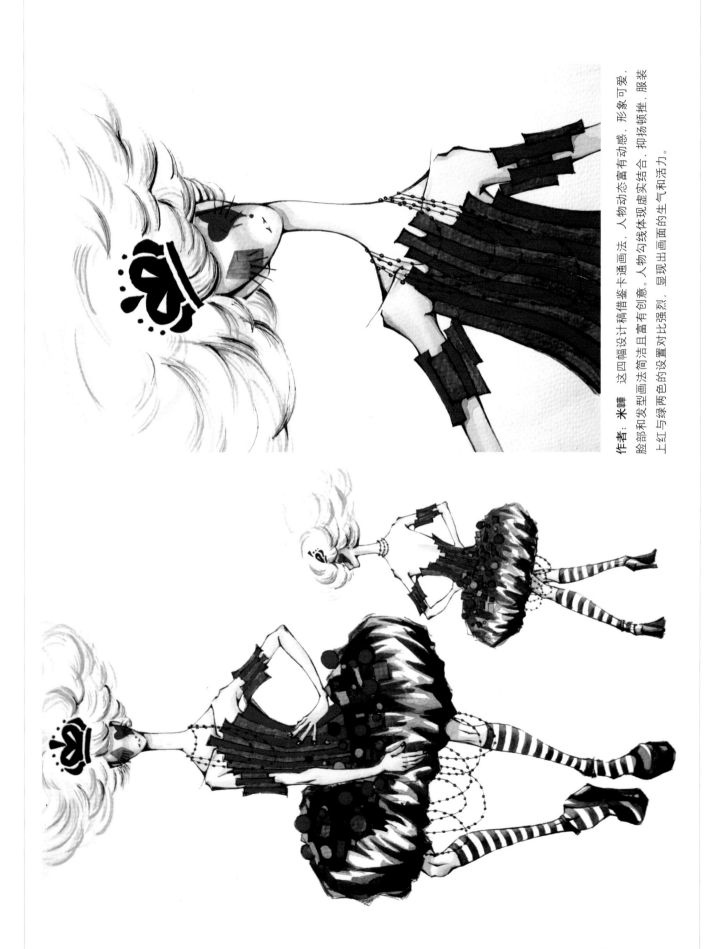

作者：米韡 这四幅设计稿借鉴卡通画法，人物动态富有动感，形象可爱，脸部和发型画法简洁且富有创意。人物勾线体现虚实结合，抑扬顿挫，服装上红与绿两色的设置对比强烈，显现出画面的生气和活力。

作者：**徐晶**　这是两幅写实风格的时装画，体现了作者较扎实的基本功，人物姿态、比例结构、脸部表情以及服装款式结构都得到准确呈现，面料图案刻画细致入微，毛皮、皮革、涂层面料等质感表现写实逼真。运用钢笔勾线和水彩画法，线条肯定有力，用色饱和，笔触简练，面料花纹和装饰细节以白色枯笔勾勒。

作者：刘燕　左图以球体作为设计灵感，通过线的绑缚产生造型变化。画面基本呈黑白两色，作者以线条勾出款式造型，通过彩铅和水彩塑造体积感。街头化和年轻化是 21 世纪时装发展的大趋势，右图作品即表达时装的街头风貌。作者以流畅的线条表现服装造型和款式细节，以水彩敷色，虚实结合，张弛有度。

作者：杨婷婷　这两幅作品属速写性质的时装画。作者用水笔勾线，水彩和水笔互为融合，浑然一体。作品脸部表情夸张，眼神和嘴巴造型别具特点，服饰品的加入使作品更具亲和力。

作者：沈洁涯 这是一幅时装画佳作。作品带场景，画面构图呈三角状。作者采用了钢笔、麦克笔、水彩笔等不同工具，重点突出了裙子、靴、饰物，肤色的画法别具一格。两款裙装质地不同，画法各异，效果俱佳。

作者：夏芸 这幅作品以碳笔勾勒，线条严谨，虚实结合。服装部分采用水粉的厚画法，通过有彩与无彩对比，突出了服装的款式造型，额边的红花起到陪衬作用。

作者：韩璟　作品借鉴国画人物画法，以毛笔勾线，另加麦克笔和钢笔辅助。中间裙装用笔奔放随意，男装线条有力，上色采用了水彩画法。

052

作者：李楠　这是一组手绘结合电脑处理的时装画。与传统表现手法相比，此类作品更具表现力和想象空间，作品也更具欣赏价值。

作者：顾雯 作品设计借鉴了非洲的土著文化，人物形象古拙自然。用色上以厚画平涂为主，色彩浓艳，以黄、绿、黑等不同色块组成服装图案，肤色用色与服装色彩融为一体。

作者：米鞬 此幅作品构思独特，造型夸张。作品采用麦克笔结合水彩画法，麦克笔勾的黑线收放自如，服装图案采用平涂法，以红、绿等艳色相间，背景部分的枯树、鸟、云对画面起衬托作用。

作者：李琦　这张时装画采用线描形式，浅浅的线条外加淡雅的色彩充分表现出画面端庄妩媚风格，人物的脸部刻画得甜美可人，裙、包、花朵的线条自然流畅。

作者：祝文杰　这幅作品以水粉画法为主，画风写实，笔触概括简练，在风衣质料和衣纹表现上虚实相间、线面结合，最终效果尤其值得称道。

作者：段迎芳　这幅时装画将男装女装并置在一张画上，采用了不同的画法。男装画法随意简练，笔法具速度感，上色以大笔触一挥而就，右款女装则相对细腻，姿势优美，线条用色均很到位。

作者：孟庆强　作者灵
感来自20世纪20年代。
色调以黑、灰为主，较
有压抑感。两幅作品具
体刻画上都用钢笔勾
线、水彩画法上色，用
笔洗练，人物造型纯真
自然。

作者: 吴沁阳 这两
幅作品都采用勾线 画法
填色的方法, 作品带有装
规整, 作品带有装
饰效果。

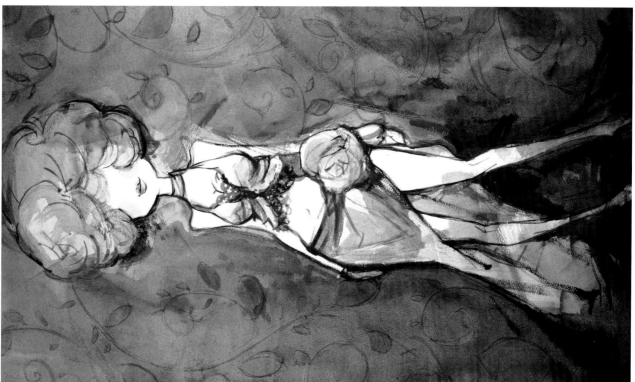

作者：姜睿

这两幅时装画人物形象稍带夸张。作者具有扎实的造型功底，用毛笔和水彩画法轻松勾勒人物造型和服装款式。人物的脸部画法可爱动人，背景的渲染充分烘托了服装的妩媚感。

作者：王臻梅　这张时装画用钢笔勾勒轮廓结构，服装图案也作了仔细描绘，用色上采用了水彩画法，尤其是背景色彩
丰富并具有层次感，这样突出了层次单一的服装效果。

作者：哈申 作品充分利用了灰卡底色，以碳笔勾线，以厚画法画出白色衣裙和服饰图案。脸部造型非常可爱，寥寥数笔勾出几缕发丝，增添画面的动态感。

作者：王洁菲　这是一幅写实感极强的时装画，人物动感十足，脸部表情和人体结构刻画精到，凌乱的材质表现细腻有序。

作者：廖俊 作者采用夸张手法，将服装款式极端放大，结构细节作了详细表达，而经过变形的人体则简单几笔，如此烘托复杂的服装结构。

作者：郭随时　这是作者在欧洲留学时的男装作业。人物造型采用勾线法，画法轻松自然，富有童趣。结合平涂上色，款式细节、色彩图案和面料属性均一目了然。

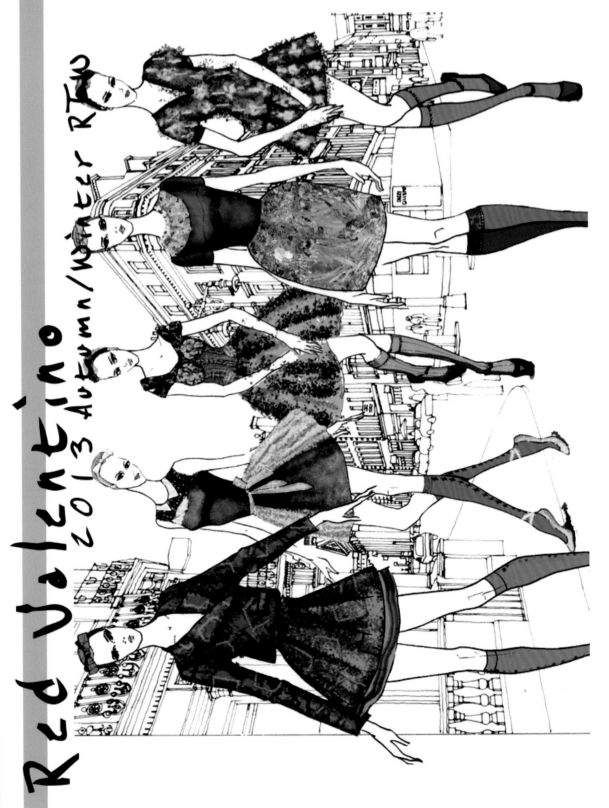

Red Valentino
2013 Autumn/Winter RTW

作者: 朱竹君 这是一组优雅风格的女装系列设计，表现 20 世纪 30 年代老上海的风情。画面重点突出面料质感和花卉图案，白描式的背景处理很好衬托出设计的意境。

作者：**严丰** 作者尝试以纸、网眼布、安全针等材质融入一起，画法随意，不拘小节，黑与白占据画面的主体，通过纸的底色衬出肤色。

作者：郭朝旭 这幅时装画带有抽象表现主义痕迹。脸部用水粉画技法刻画，非常写实，衣裙则较概括，用碳笔
衬出造型，背景是大笔触画出花瓣造型，衬托出女性花一般的形象。

作者：Crease　作者尝试了不同的工具和表现方法，用钢笔和麦克笔勾线上色、衬明暗，用水粉色画出款式结构。作者将服装色彩统一在画纸底色之中，这种画法能取得比较好的效果。

作者：鲍之晨 这张时装画表现的少女装，人物姿势充满动感。作者利用画纸底色，对服装款式作详尽的勾勒，并加上淡彩，画面透出一股暖暖春意。

作者：翟冰 作者的三款设计均采用勾线加蜡笔上色的手法。人物姿势优美，服饰色彩丰富，用蜡笔表现出面料的体积感和飘逸感，头饰的设计很奇特。

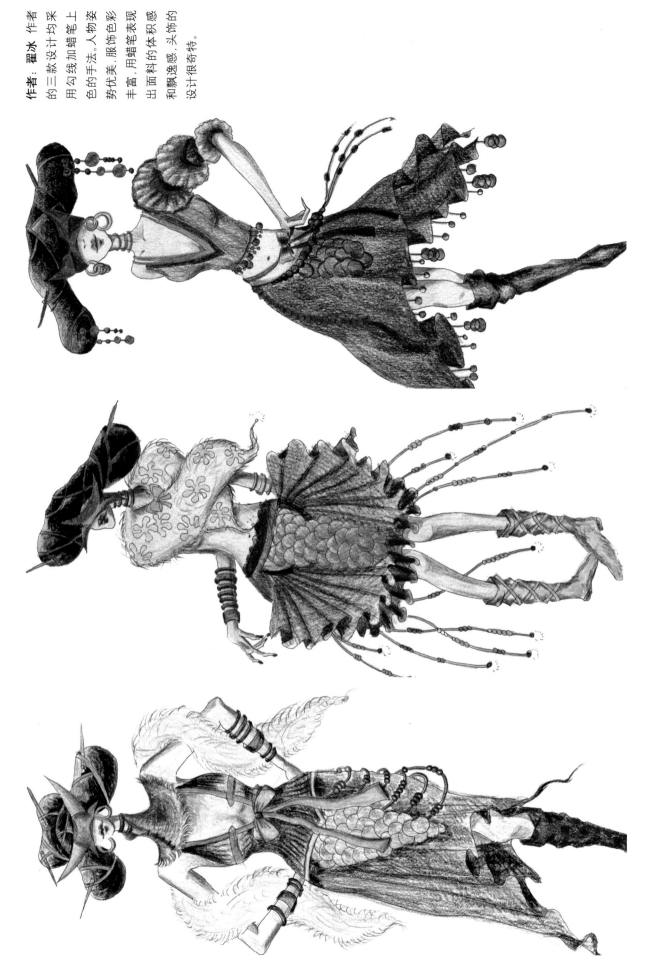

作者：杨梦琦 这组男装系列设计手绘结合电脑处理，造型单一，但适合表现具体设计。整个系列设计手法多样，准确把握当今年轻人的审美喜好，时尚感强。

作者：**匡宁**　这幅作品以钢笔和麦克笔为工具，挥就一幅灰色调的时装画，灰灰的面料，灰灰的表情，但是与此相对的是服装图案异常跳跃艳丽，刻画细致，背景安排了蔚蓝色天空，表达作者的理想境界。

作者：沈立莹 这是较常规的时装画，人物、服装、花朵这三者相得益彰。作者以线色结合的手法表现出恬静、闲适的画面效果。

作者：屈萍 这两张时装画基本属水彩画法，服装款式以水分饱满的笔触一挥而就，并衬出明暗，而带毛的部分则在画面干后用枯笔勾勒。背景设置以阴阳构思，恰到好处地处理好画面的平衡问题。

作者：丁胄佳　作品带巴洛克风格，造型夸张，对比强烈。由于采用电脑技术进行绘制，敷色平整，图案细致。

作者：金璨璨 这幅时装画非常另类，它融入了较多绘画语言，人物夸张变形，服装款式运用水粉厚画法非常写实地呈现，背景色彩丰富，光影表现形成一种诡异的气氛。

作者：金璨璨　这同样是一幅带绘画感的时装画，作者所要表现的上装、胸花、裙摆、臀部都作了细细刻画。在背景的处理上，作者以近金黄色，并以丰富的肌理效果与服装形成对比，具视觉冲击力。

作者：藏洁雯　这是一幅速写性的时装画，线条潇洒流畅，在款式、造型、面料质感和色彩处理上，结合了电脑处理效果，使作品更富韵味。

作者：成海 这是一幅别具风采的时装画作品，酣畅流利的线条准确勾画出人物造型、款式特征和细节处理，红唇更是点睛之笔。

作者：祝文杰 这是一组单色训练的时装画。作品刻画整体，画面简洁。作品通过黑白灰的线条和色块组合，呈现出虚实变化、形式多样的画面效果。整个画面经过精心的构思，布局错落有致。

082

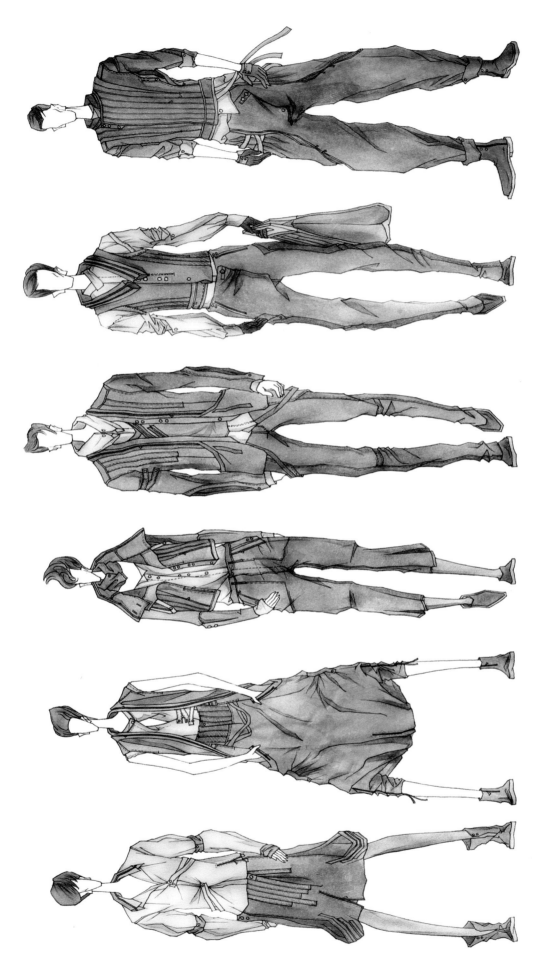

作者：祝文杰 这是一副参赛的时装画作品。作者采用平涂结合明暗的画法，以钢笔勾线，彩色铅笔上色。画面上人物造型，面部结构简单处理，重在对款式结构的表现，这也是成衣设计大赛所推崇的画面效果。

作者:胡燕 这两幅时装画在背景上设置了各种图形。左面一款款式和色彩繁复,作者在服装和背景之间加入了粗粗的红线,起到了分隔作用。右款以灰调为主,作者别出心裁地以侧面来表现款式造型。

作者：柳鑫　这幅时装画以俯视取景，运用水彩画法具体塑造出人物的形态，作者笔法熟练，局部刻画细腻。

作者：廖军　这是取材于云贵少数民族服饰的设计，作者运用装饰画的手法，勾线上色，头饰和胸花作了仔细刻画。画面布局合理，富有动感。

作者：陆颖懿　作者构思这幅时装画时，不单是服装款式，黑色块和字也成为画面的一部分，通过黑色块既衬托服装，又平衡画面。在画面处理上，简洁明了的线条，外加水分充足的大笔触色块构成这张时装画的一大特色。

作者：郑一 画面构图富有想象力，采用叠罗汉的形式，人物姿势各异，动感强烈，画面视觉效果佳。作者上色基本采用厚画平涂法，选用红绿两色，镶拼的草绿色起到调节画面色调的作用。

作者：厉莉　这幅画采用了钢笔勾线、结合彩色水笔和水彩画法，人物造型清新自然，表情可爱，服装的饰物和图案刻画细致入微。

作者：倪晶晶　两幅时装画均采用写实手法，详细勾画了人物姿势和款式结构，用彩铅表达了面料色彩和质感，而白色面料只是以淡彩衬出明暗。

作者：盛思珏　这张时装画选用了麦克笔、钢笔和水彩画法，用线用色轻松随意，裙侧的图案勾画仔细，是作品的出彩部分。

作者：沈婕

这是一组电脑时装画。作者以线上色的形式表现出不同的款式效果，既表现出轻盈飘逸的和厚重结实的不同面料质感，又体现出丝织碎花和针织印花等不同的图案形式。

作者：郭随时

这三张作品在设计上带有明显的童趣意念，在人物造型、色彩搭配、图案运用、笔触线条等方面，作者运用了彩色铅笔、麦克笔、水彩笔呈现出画面天真、可爱的效果。

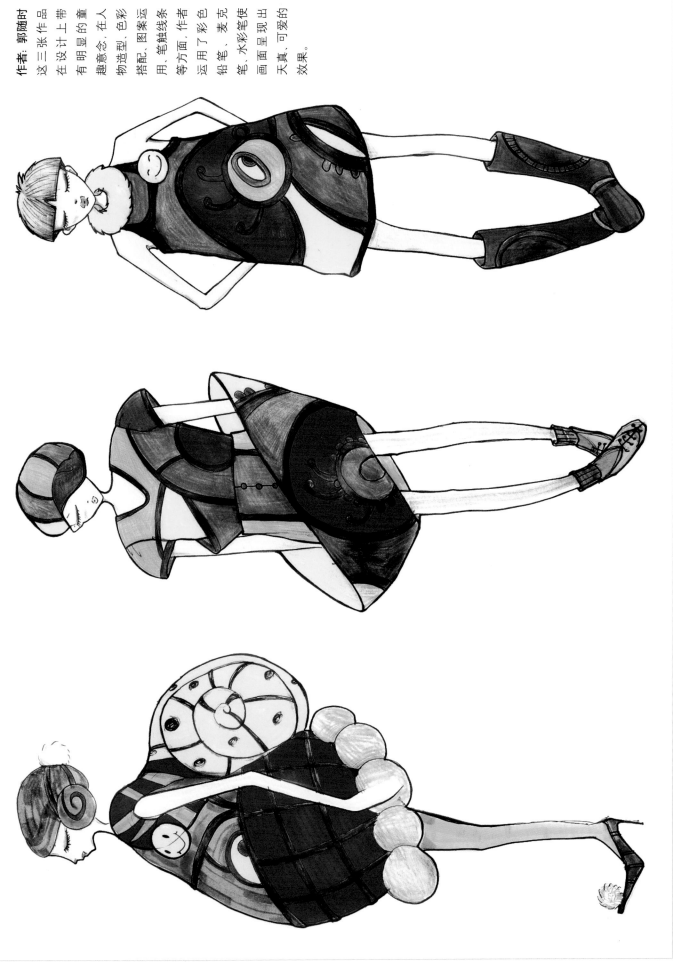

作者：杨政（左图）、哈申（右图）　　左图时装画画得简练快速，实际工作中非常实用。钢笔勾线，画出款式结构，上色画出面料色彩和肤色，并衬明暗。右图时装画结合了钢笔勾线和水彩上色，作品的线条疏密有致、轻重得当，有效地表达出款式结构和衣料质感，画面的色彩表现自然轻快。

作者：**沈立莹** 作者具有一定的造型能力，线条运用熟练。画面的人物动态表现准确，款式结构表达明了，脸部画法带有动漫效果。

作者：白曳帆 作品设计受混搭风（Mix & Match）影响，将性感、裸露、爱斯基摩等元素融为一体。画法以线条、水彩为主，水粉为辅，裙和袖用色透明，体现出飘逸感。

作者: **牧沙** 这组男装系列设计年轻、时尚，其中图案的构思运用占据重要地位。作者灵活运用手绘与电脑处理两种方法，整体画面视觉冲击力强。

作者：Vivi　这张时装画属于速写性质，寥寥数笔勾勒出生动的人物形象，尤其是脸部眼、嘴的表达。与随意的勾线相匹配的上色笔触自然流畅。

作者：吴苑　夸张的人物造型显示整幅时装画的装饰味，脸和手的变形恰到好处。作品巧妙地采用了灰底作为主色调，以水粉和彩铅结合描画，用白色勾勒出款式结构和装饰细节。

作者：郭朝旭　这幅时装画带有明显的绘画创作倾向，充分体现了作者的扎实基本功。该设计系列既年轻前卫又传统古典，作者尝试借鉴国画的技法挥毫赋色，很好地表现了面料质感和图案纹样。背景书法对整体传统风格的表达起了衬托作用。

作者：李觅（上图）、郭朝旭（下图）　　上图是一幅构思精妙的时装画佳作。作者以"风雅颂"为题，借鉴传统国画布局和画法，故事围绕三个少女和龙展开。作者勾线遒劲有力，人物塑造栩栩如生，整体色彩统一在紫色暖调下，紫色和白色的加入使画面顿显生机。下图同样是一幅时装画优秀作品。作者以木偶戏的形式将人物串起，人物体态各异，动感十足。作者在手绘创作的同时结合了电脑技术，增强了画面的视觉效果。

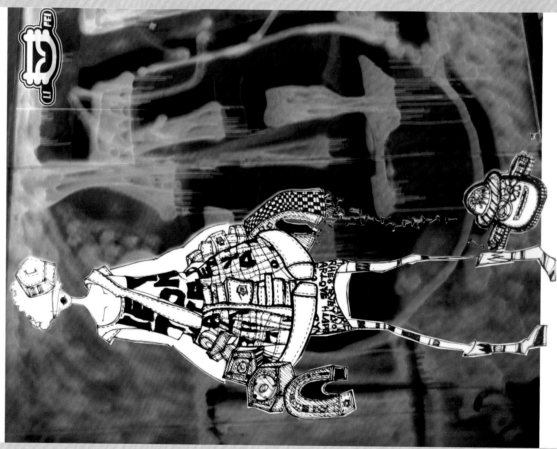

作者：**李菲** 这两张作品形式形式独特，具有明显的时装画特征。作者以黑白为主调，运用粗细不同的线条和变化多端的纹样表现出风格前卫的款式特征。

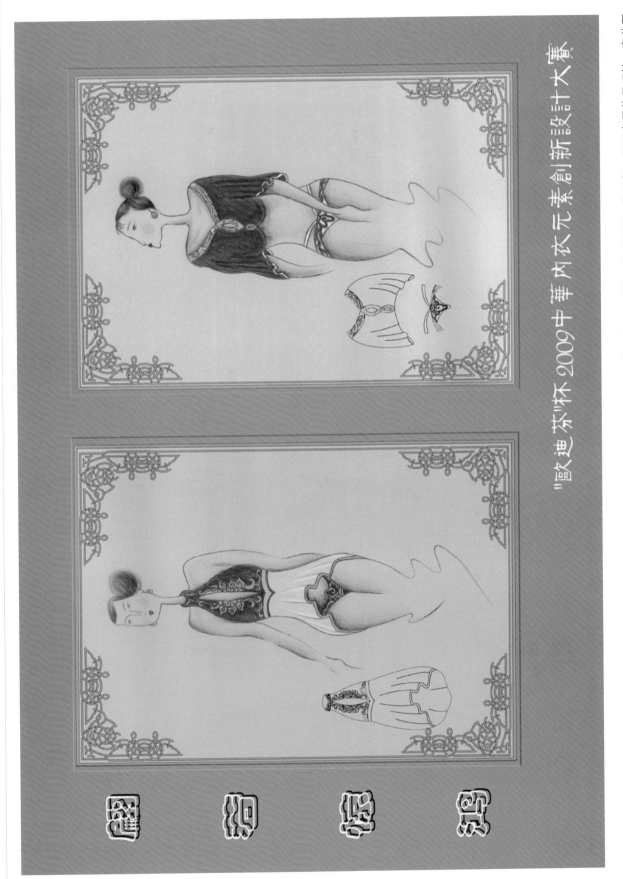

画面布局构思巧妙，窗花图

案衬托了主题。

此幅时装画属参赛作品。设计灵感来自于中国元素，作者尝试以勾线平涂结合适当的明暗，表现具有古典美的人物形象。

作者：苏斯

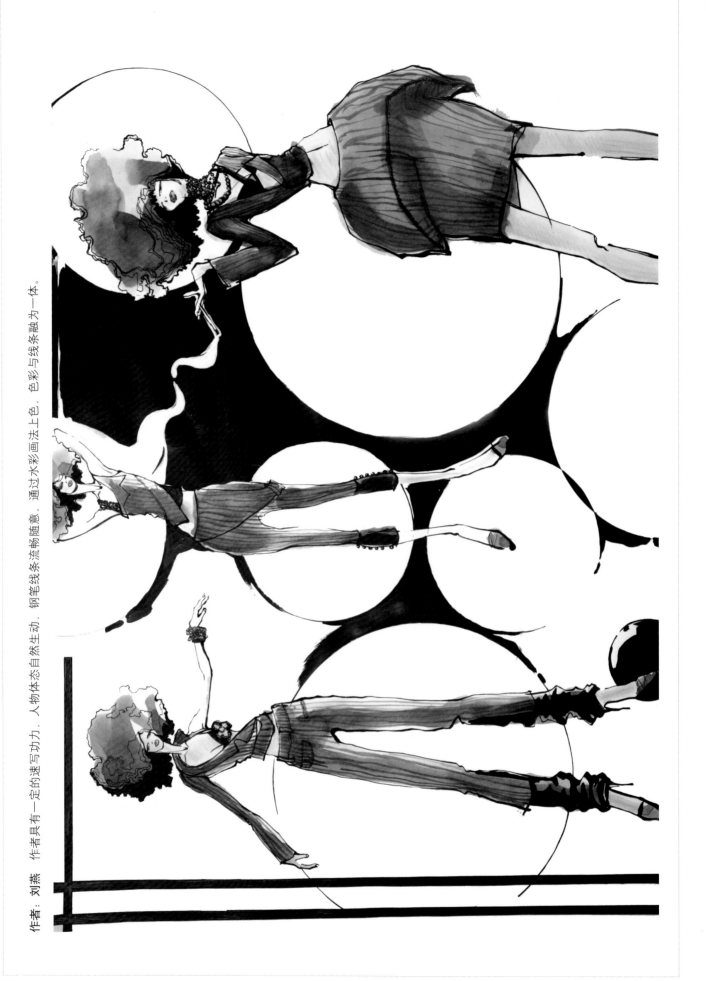

作者：刘燕　作者具有一定的速写功力，人物体态自然生动，钢笔线条流畅随意，通过水彩画法上色，色彩与线条融为一体。

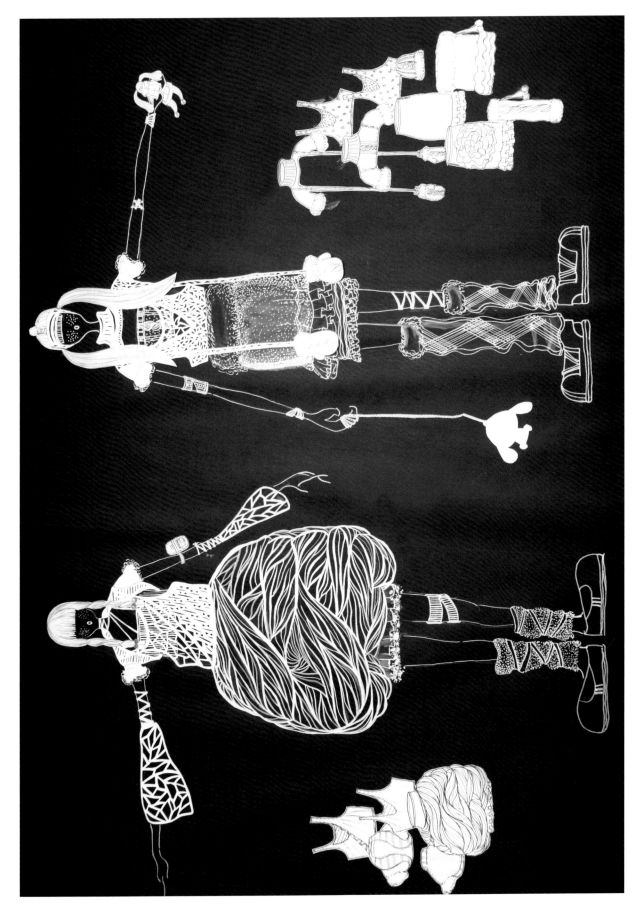

作者：童懿　这是一张针织服装设计作业。作者利用黑卡底色，用毛笔以白色勾线，并画出大致针法，两边的款式图使画面得到很好的充实。

作者：谭文佳　这是一幅近乎单色的时装画，三人分布错落有致。作者采用毛笔和钢笔以黑色勾画人物和服装款式，细节清晰，局部红色的使用对画面起"点睛"作用。

作者：成海 这是一张习作，姿态优美，技法熟练，体现较扎实的基本功，尤其是线条勾勒和马克笔使用独具特色。

作者：杨婷婷 这是一幅时装画习作，作者以流利的线条勾出人物造型和款式结构，用水彩画法衬出色彩，整幅画表达轻松自然。

作者：米洋　这组系列设计定位年轻和运动风格，造型洗练，款式活泼，细节多样。作者采用勾线与平涂相结合，发式、脸部表情、褶裥、图案均刻画精准细腻。

作者: 夏婧 这两款设计具有很强的时尚气息。总体上面料图案运用是表现重点，作者有意将皮肤处理为白色，反衬出面料色彩。稍具夸张的姿势与服装的整体构思风格吻合。

作者：刘伟　两幅时装画画法写意，作者用铿锵有力的线条勾画了人物造型和服装款式，以彩铅上色，表现出针织面料的厚重感。背景的黑色块简洁明了地衬托服装款式。

作者：王卓雅　本系列是"中华杯"童装设计大赛的参赛效果图，作者塑造了一群可爱的小精灵形象，夸张的姿势，绚烂的色彩渲染着一股欢快热烈的气氛。

作者：周晴 这是一幅优秀效果图作品。作品是"中华杯"内衣和泳装设计大赛的参赛效果图。画面布局别具匠心，系列服装集中右侧，配上少女的侧影，很好地点出了设计的主题和风格。左上角的标题和图例起到平衡画面的作用。

作者：郭朝旭　这是两幅时装画佳作是手绘技术和电脑技术的完美结合。画面色彩明丽欢快。左图人物姿势随意，表情俏皮可爱。右图是一幅场景式时装画。无论是人物表现，服装款式表现，还是背景设置，道具安排都经过精心构思。画面整体色彩丰富，色调统一。

作者：周晴　本系列是"中华杯"女装设计大赛的参赛效果图。作者采用没骨平涂的手法，人物形象具有卡通效果，重点突出眼睛的表达。整体画面以红色色调为主，利用黑底色衬出所要表现的款式和细节。

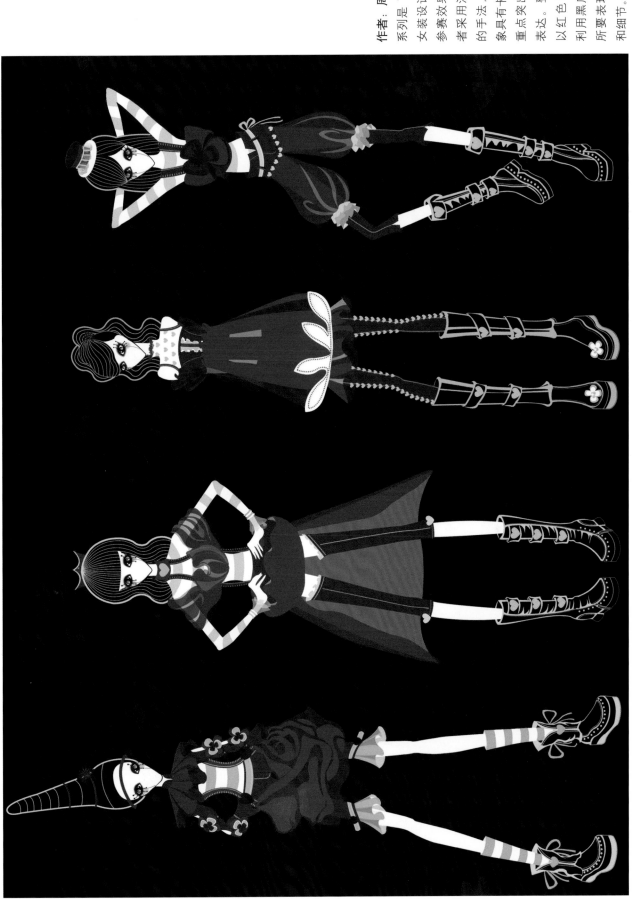

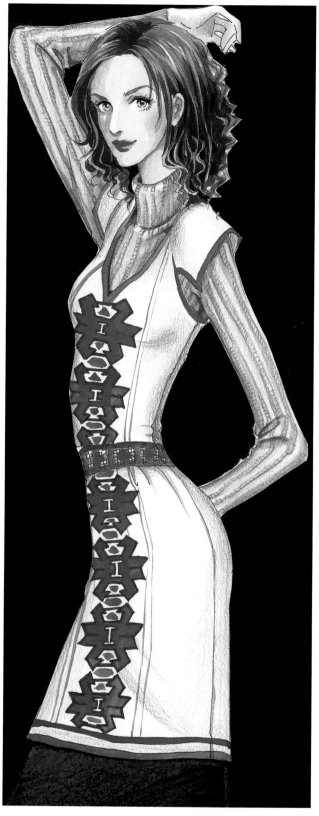

作者：郭朝旭 这两幅属时装画的习作，作者着重表现面料的不同质感和图案画法，脸部画法细致入微，神情自然。